BEI GRIN MACHT SICH IHR WISSEN BEZAHLT

- Wir veröffentlichen Ihre Hausarbeit, Bachelor- und Masterarbeit

- Ihr eigenes eBook und Buch - weltweit in allen wichtigen Shops

- Verdienen Sie an jedem Verkauf

Jetzt bei www.GRIN.com hochladen und kostenlos publizieren

GRIN

Bibliografische Information der Deutschen Nationalbibliothek:

Die Deutsche Bibliothek verzeichnet diese Publikation in der Deutschen Nationalbibliografie; detaillierte bibliografische Daten sind im Internet über http://dnb.d-nb.de/ abrufbar.

Dieses Werk sowie alle darin enthaltenen einzelnen Beiträge und Abbildungen sind urheberrechtlich geschützt. Jede Verwertung, die nicht ausdrücklich vom Urheberrechtsschutz zugelassen ist, bedarf der vorherigen Zustimmung des Verlages. Das gilt insbesondere für Vervielfältigungen, Bearbeitungen, Übersetzungen, Mikroverfilmungen, Auswertungen durch Datenbanken und für die Einspeicherung und Verarbeitung in elektronische Systeme. Alle Rechte, auch die des auszugsweisen Nachdrucks, der fotomechanischen Wiedergabe (einschließlich Mikrokopie) sowie der Auswertung durch Datenbanken oder ähnliche Einrichtungen, vorbehalten.

Impressum:

Copyright © 2017 GRIN Verlag
Druck und Bindung: Books on Demand GmbH, Norderstedt Germany
ISBN: 9783668619227

Dieses Buch bei GRIN:

https://www.grin.com/document/387825

Florian Köttig

Ku nstliche Intelligenz. Zukunftsszenarien für schwache KI

Analyse und Auswertung unter Einbeziehung der Delphi Methode

GRIN Verlag

GRIN - Your knowledge has value

Der GRIN Verlag publiziert seit 1998 wissenschaftliche Arbeiten von Studenten, Hochschullehrern und anderen Akademikern als eBook und gedrucktes Buch. Die Verlagswebsite www.grin.com ist die ideale Plattform zur Veröffentlichung von Hausarbeiten, Abschlussarbeiten, wissenschaftlichen Aufsätzen, Dissertationen und Fachbüchern.

Besuchen Sie uns im Internet:

http://www.grin.com/

http://www.facebook.com/grincom

http://www.twitter.com/grin_com

Thema: „Künstliche Intelligenz“

Technische Hochschule Wildau

Fachbereich Wirtschaft, Informatik und Recht

Inhaltsverzeichnis

1. Technologiebeschreibung

„Intelligenz ist die allgemeine Fähigkeit eines Individuums, sein Denken bewußt auf neue Forderungen einzustellen. Sie ist die allgemeine geistige Anpassungsfähigkeit an neue Aufgaben und Bedingungen des Lebens.“[1]

Die Forschung der Künstlichen Intelligenz wird in der Literatur als das Ziel beschrieben, menschliche Wahrnehmungs- und Verstandsleistungen zu operationalisieren und durch Systeme verfügbar zu machen.[2] Dabei geht es überwiegend um Berechnungsverfahren, die es ermöglichen, wahrzunehmen, zu schlußfolgern und zu handeln. Schon heute beherrscht die Künstliche Intelligenz unser Leben, ohne das es vielen bewußt ist. Smartphones, die mit uns sprechen oder Armbanduhren, die unsere Gesundheitsdaten aufzeichnen sind in der heutigen Gesellschaft ganz normal. Die Forschung der KI steht dabei in enger Zusammenarbeit mit Bereichen aus der Informatik, Mathematik, Philosophie, Psychologie, Linguistik, Logik und den Neurowissenschaften.[3] Der Kernpunkt dieser Forschungen ist das systematische schlußfolgernde Denken zu rekonstruieren. Dies bedeutet auch, eine Vielzahl von Informationen zu kombinieren und dadurch Lösungen finden zu können. Der zielführende Einflußfaktor immer neue Problematiken in kürzester Zeit lösen zu können liegt hierbei darin, dass die meisten Aufgaben nicht vollständig neu sind, sondern in einem engen und meist auch systematischen Zusammenhang mit alten, bereits gelösten Problematiken stehen. Das bedeutet, dass die Lösung kognitiver und perzeptiver Aufgaben auf früheren Erfahrungen basiert.

Intelligenz wird in der Wissenschaft mit Erfahrungen eines Systems in physikalischer und sozialer Welt in Verbindung gebracht. Dabei sollte es selbständig und effizient Probleme lösen. Der Grad der Intelligenz hängt dabei von drei Faktoren ab:[4]

- Dem Grad der Selbständigkeit
- Dem Grad der Komplexität des Problems und
- Der Effizienz des Problemlösungsverfahrens

[1] Psychologe Wililiam Stern, 1912
[2] Vgl. Görz; Rollinger; Schneeberger, Handbuch der Künstlichen Intelligenz, 2003, S.2
[3] Vgl. Görz; Rollinger; Schneeberger, Handbuch der Künstlichen Intelligenz, 2003, S.4
[4] Vgl. Meinzer, Künstliche Intelligenz – Wann übernehmen die Maschinen?, 2016, S.3

Computer wurden in der Vergangenheit lediglich nur zur Entlastung und Leistungssteigerung der Menschen betrachtet. Laut des renommierten KI-Wissenschaftlers Rodney Brooks erwerben die heutigen technischen Systeme die Fähigkeit zu einer erfahrungsgeleiteten Selbststeuerung, die sie nicht länger zu Mitteln oder Werkzeugen, sondern zu Mitspielern des Menschen qualifiziert.[5] Allerdings ist dabei zu beachten, dass wissensbasierte Systeme keine Widersprüche berücksichtigen sowie weder Fehlertoleranzen noch zeitliche Änderungen des Wissens einbeziehen. Sie Verfügen also nur über ein begrenztes Expertenwissen und nicht über Alltagswissen. Dabei können Computer Aufgaben wie das berechnen vieler Aufgaben in kurzer Zeit in einer vielfach besseren Leistung bewältigen als Menschen. Aber sich neuen, unbekannten Aufgaben selbständig widmen ist eine bisher unüberwindbare Hürde. So können Menschen beispielsweise in unbekannten Räumen binnen Sekunden Entscheidungen treffen und Aktionen planen. Roboter sind mit solch einer Aufgabe heute noch überfordert.[6]
Die besondere stärke der menschlichen Intelligenz ist die Adaptivität. Individuen sind in der Lage, sich an verschiedenste Umweltbedingungen anzupassen und durch Lernen das Verhalten entsprechend zu ändern. Daher ist die Lernfähigkeit ein zentrales Thema der KI.

Die Automatisierung von Fabriken, Büros, Verwaltungen, Verkehr und vielen anderen Bereichen führt zu einer immer größer wachsenden Zahl, da quasi in jedem Bereich im mehr Arbeiten von Computern, Maschinen und Robotern erledigt werden. Etwa seit dem Jahre 2010 wird KI zu einem der wichtigsten Faktoren in dieser Entwicklung.[7]
Es ist naheliegend, dass schwere, schmutzige oder ungesunde Arbeit gerne an Automatisierungen abgegeben werden, sofern dadurch keine schädlichen Nebenwirkungen, wie etwa Umweltschäden auftreten. Hinzu kommt, dass die meisten dieser Aufgaben von Maschinen schneller, exakter und vor allem kostengünstiger erledigt werden.

Die Eingrenzung unseres Zeithorizontes in dieser Arbeit ist nur vorsichtig zu betrachten, da in der Vergangenheit des öfteren Prognosen gestellt wurden, die dann immer wieder von den jeweiligen Forschern korrigiert wurden.
So haben etwa im Jahre 1958 die Forscher Newell und Simon behauptet, dass es innerhalb einer Zeitspanne von ca. 30 Jahren Maschinen geben wird, die denken können, sowie lernfähig und auch schöpferisch tätig sein werden.[8] Nun sind mittlerweile fast 60 Jahre

[5] Vgl. Christaller; Wehner, Autonome Maschinen, 2003, S.10
[6] Vgl. Ertel, Grundkurs Künstliche Intelligenz, 2016; S.3
[7] Vgl. Ertel, Grundkurs Künstliche Intelligenz, 2016, S.12
[8] Vgl. Sesink, Menschliche und künstliche Intelligenz, 2012, S.8

vergangen und es gibt noch immer keine solcher Maschinen. Die Geschichte der KI-Forschung ist begleitet von vielen solcher Fehlprognosen in denen eine grenzenlose Unterschätzung des zu bewältigenden Problems zum Ausdruck kommt. Jedoch wird in der Zukunft auch nichts ausgeschlossen und somit bleibt die Frage im Raum, ob man sich lediglich mit der Dauer der eintretenden Veränderung verschätzt hat.

„Heute sind unsere Maschinen noch einfache Geschöpfe, die kaum intelligent zu bezeichnen sind. Doch im Laufe des nächsten Jahrhunderts werden sie zu Gebilden heranreifen, die ebenso komplex sind wie wir selbst, um schließlich über uns und alles, was wir kennen, hinauszuwachsen, so dass wir eines Tages stolz sein dürfen, wenn sie sich als unsere Nachkommen bezeichnen.“[9]

In der Literatur wird immer wieder deutlich, dass zukunftsorientiert auch die Sorge der vollkommenen Aufgabenübernahme der Künstlichen Intelligenz besteht. Daher ist es wichtig, einzugrenzen, in wie weit die Menschheit die weiterführende Entwicklung der Automatisierungsprozesse wirklich nötig hat. Eine immer wachsende Produktivität und damit zusammenhängende wirtschaftliche Entfaltungen sind nicht unbedingt Profitabel für die menschliche Zufriedenheit. Es ist zu beobachten, dass in den führenden Industrie-Nationen immer mehr Geld für die Forschung vor allem von staatlicher Seite zur Verfügung gestellt wird.[10] Somit wird klar, dass die kapitalistische Wirtschaftshaltung der Industriestaaten zu der raschen und vielleicht auch unkontrollierten Entwicklung der KI führt. Nach Erfahrungen aus der Vergangenheit sollte die Chance zwar erkannt werden, jedoch auch genau überlegt werden, zu welchem Zweck und Nutzen die KI in Zukunft entwickelt werden sollte. KI muss sich aus ethischer Sicht als Dienstleistung in der Gesellschaft bewähren.

[9] Moravec, 1990

[10] Vgl. Sesink, Menschliche und künstliche Intelligenz, 2012, S.10

2. Szenariogestaltung

2.1 Gestaltungsfeld

Die vorliegende Arbeit ist eine Analyse der Entwicklung von Künstlicher Intelligenz (KI). Um den Umfang zu spezifizieren wird eine Eingrenzung auf schwache Künstliche Intelligenz vorgenommen. In diesem Sinne wird die Technologie beleuchtet und eine Beschreibung dargestellt. Mit dieser Grundlage müssen weitere Rahmenbedingungen geschaffen werden. Diesbezüglich wird ein Zeithorizont und eine geographische Einschränkung gesetzt. Darauf Bezug nehmend werden Einflussfaktoren und spezifizierend Schlüsselfaktoren gewählt und dessen Interdependenzen bewertet, um ein Szenario zu erarbeiten. Mithilfe dieser Szenarien kann eine qualitative Handlungsoption dargelegt werden, die als Basis für Entscheidungen dienen kann.

2.2 Schwache künstliche Intelligenz

Differenzierung starke und schwache KI	
Starke KI	**Schwache KI**
Menschliche Denken als Ganzes mechanisieren	Konkrete Anwendungen des menschlichen Denkens ausführen
Intelligente Reaktionen	Einzelbereiche des Denkens unterstützen
Schaffung von Bewusstsein	Simulation intelligenten Verhaltens mithilfe der Mathematik
Schrittmachertechnologie/ Visionärtechnologie	Schlüsseltechnologie (in der Robotik)
Fähigkeit zu lernen als integraler Bestandteil	
Umgehen mit Unsicherheiten und „Zufälligkeiten"/Wahrscheinlichkeiten	

Eigenschaften schwacher KI

- Nachbildung menschenähnlicher Intelligenz für einen Computer
- Eigenständig Probleme bearbeiten
- Konkrete Anwendung des menschlichen Denkens ausführen
- Einzelbereiche des Denkens unterstützen
- Simulation intelligenten Verhaltens mit Hilfe der Mathematik
- Schlüsseltechnologie (in der Robotik)
- Fähigkeiten zu lernen als integraler Bestandteil
- Umgehen mit Unsicherheiten und „Zufälligkeiten"/Wahrscheinlichkeiten

Anzahl und Breite der potentiellen Einsatzgebiete

- Sozialwesen
- Personenbeförderung
- Industrie (Fertigung)
- Gesundheitswesen
- IT
- Kommunikation
- Militär
- Logistik

➢ Jeder Bereich der von der Digitalisierung betroffen ist kann durch KI optimiert werden

2.3 Eingrenzung des Zeithorizonts

Der Zeithorizont wird auf 10 Jahre begrenzt. Sämtliche Prognosen und Szenarien sollen den Zeitraum bis ca. 2027 umfassen. Diese Festlegung wird durch die Entwicklung der Forschung von 2006 bis 2017 und durch vorhandene Prognosen von Experten beeinflusst (siehe Geschichte KI). Der Verlauf der Geschichte und moderne Prognosen lassen ansatzweise qualitative Schlussfolgerungen auf die nächsten 10 Jahre schließen. Dabei muss aber bedacht werden, dass die Künstliche Intelligenz in den letzten Jahren stark an Einfluss auf das Markt- und Sozialverhalten gewonnen hat. Daher geht man davon aus, dass sich die Entwicklung exponentiell verhalten wird. Diese Annahme lässt uns fehlerhafte Prognosen aus der Vergangenheit kritisch betrachten. Es liegt nicht im Rahmen dieser Arbeit eigene qualitative Prognosen über diesen Zeitraum hinweg aufzustellen, da dies einfach durch noch nicht vorhersehbare Entwicklungen der Umwelt und fehlende Kenntnisse über spezifische Interdepenzen zu stark beeinflusst werden kann.

2.4 Bestimmung eines geographischen Raums

Um möglichst rationale Ergebnisse auszuarbeiten und diese auf das nahe Umfeld zu beziehen, wird sich diese Ausarbeitung fast ausschließlich auf die Forschung rund um die Künstliche Intelligenz in Deutschland und Europa drehen. In diesem geographischen Bereich lassen sich im Rahmen dieser Ausarbeitung die rationalsten Werte und Prognosen einbeziehen. Zugleich kann das Verhalten von Umweltsystemen besser eingeordnet und eingeschätzt werden. Dabei wird der weltweite Vergleich relativistisch immer Mitbetrachtet, um Verhältnisse und Vergleiche setzen zu können. Da sich die Forschung und Wissenschaft nicht explizit auf einen geographischen Raum beziehen lässt, da ein permanenter Wissensaustausch im Zuge der Globalisierung vollzogen wird, kann man einige Aspekte auf den weltweiten Forschungsstand beziehen. Vor allem aber politische und soziale Systeme sind hierbei kritisch auf den geographischen Raum zu betrachten, da sowohl der kulturelle als auch ethische Rahmen in jeweiligen geografischen Räumen verschiedene Ausmaße annehmen können.

2.5 Business Potential

Sektor	Möglichkeiten	Risiken
Wirtschaftlich	• neue Anwendungsbereiche/ Entstehung eines neuen Wirtschaftssektors → Umsatzsteigerung bei Unternehmen mit Unternehmensanwendungen im Bereich künstliche Intelligenz • Kosteneinsparung • Rationalisierung • Zeiteinsparung → Effizienzsteigerung • Ressourceneffizienz erhöhen → Nachhaltigkeit steigern • Erhöhung der Produktion • verbesserte Produktqualität	• zu großes Vertrauen in Technologie → Abhängigkeit • systemische Fehlschläge • ungewollter Technologie-missbrauch • Arbeitsmarktveränderungen
Gesundheitswesen	• Unterstützung des schwachen sozialen Dienstleistungssektors • weniger Fehler • Erfindung von neuartigen Therapien • schnellere Erkennung und Behandlung von Krankheiten	• Vorurteile schüren Ängste • Gefährdung des derzeitigen Gesundheitssystems
Technologisch	• erhöhte Sicherheit • schnellere Prozesse • realistische Simulationen • neue Erfindungen möglich • Verknüpfung von Forschungsfeldern	• systemische Fehlschläge • „KI-Wettrüsten“ • Sicherheit der Technologieentwicklung wird für Tempo geopfert
Sozial/ Kulturell	• erhöhte Sicherheit • mehr Freiheiten • Ansteigen des Lebensstandards • Bequemlichkeit steigt	• Arbeitsplätze Minimierung • Vereinheitlichung von Berufen • Vernachlässigung von bestimmten Berufskreisen → Arbeitslosigkeit steigt • Handwerk wird immer mehr von Bedeutung • Entscheidungsgewalt der KI • unpassendes Sozialsystem • soziale Ungleichheit

2.6 Höhe und Typ der Technologieentwicklung

2.6.1 Players

- Google: Google Deepmind → selbständige Entwicklung von Erfolgsstatistiken
- Amazon: Echo/ Alexa → Sprachassistent / Smart Speaker
- Samsung/Apple: Sprachassistenten, Smart Speaker
- Facebook: Suchalgorithmen / Chatbot
- Tesla: autonomes Fahren / Hyperloop → „intelligente" Infrastruktur

2.6.2 Lifecycle Stage

- Findet gegenwärtig schon starke Anwendung
- Ebenfalls noch großes Entwicklungspotenzial, aus einer schwachen KI kann sich eine starke KI entwickeln
- Erste Forschungen bereits in den 1930er Jahren, heutzutage erste nutzbare Ergebnisse
- Weiterhin großes Potenzial
- Viele potenzielle Forschungsfelder können inkludiert werden

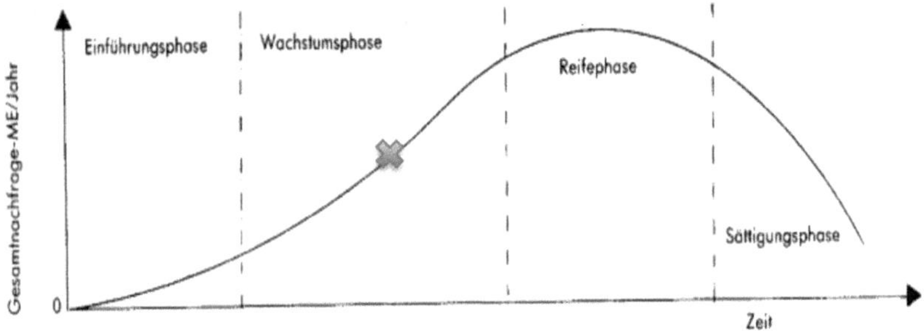

3. PESTEL Analyse

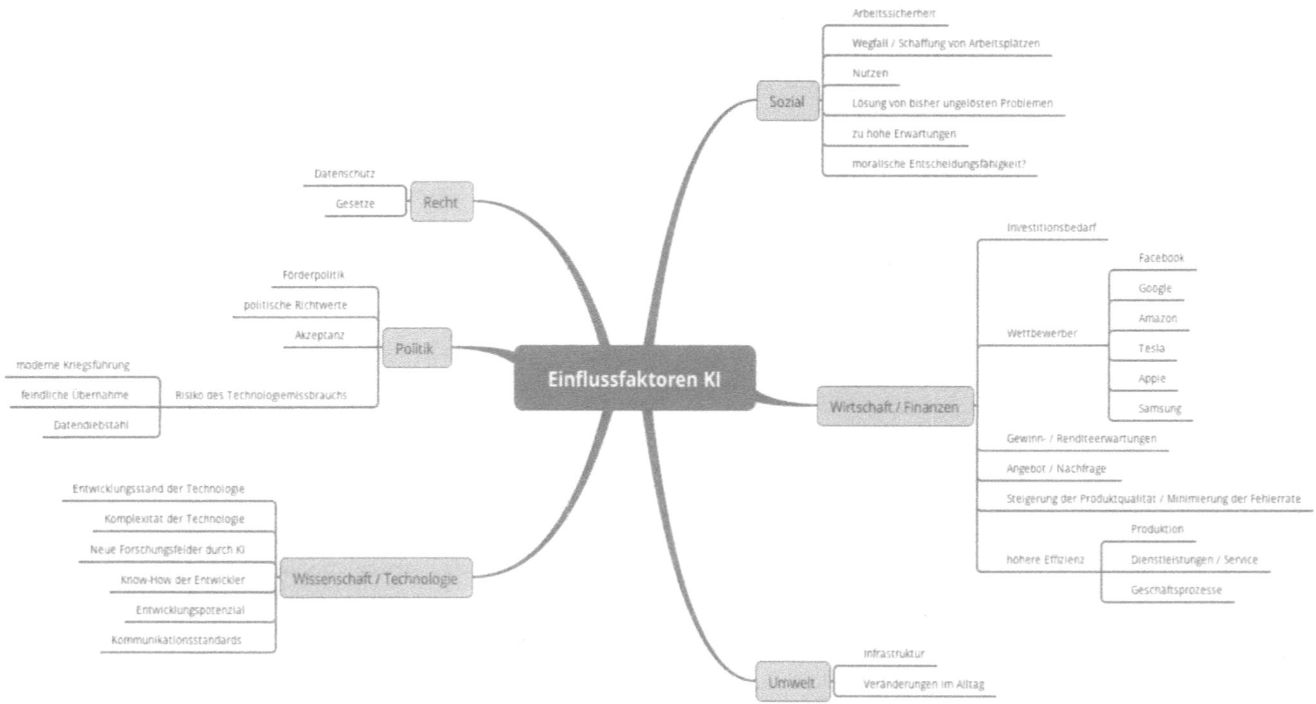

4. Einflussmatrix

Einflussmatrix

Frage:
Wie beeinflusst Faktor A (Zeile) Faktor B (Spalte)?
Bewertungsskala:
0 = keine Beeinflussung
1 = schwacher, verzögerter Einfluss
2 = mittlerer Einfluss
3 = starker, unmittelbarer Einfluss

Nr.	Faktor	1 Förderpolitik	2 Gesetze	3 Infrastruktur	4 Politische Richtwerte	5 Risiko des Technologiemissbrauchs	6 Datenschutz	7 Entwicklungspotenzial	8 Entwicklungsstand der Technologie	9 Komplexität der Technologie	10 Kommunikationsstandards	11 Know-How der Entwickler	12 neue Forschungsfelder durch KI	13 Akzeptanz	14 Arbeitssicherheit	15 Lösung von bisher ungelösten Problemen	16 moralische Entscheidungsfähigkeit?	17 Nutzen	18 Veränderungen im Alltag	19 Wegfall / Schaffung von Arbeitsplätzen	20 Erwartungen	21 Angebot / Nachfrage	22 Gewinn- / Renditeerwartungen	23 Effizienz	24 Investitionsbedarf	25 Steigerung der Produktqualität / Minimierung de	26 Wettbewerber	Aktivsumme
1	Förderpolitik		3	1	3	2	1	2	1	0	0	0	2	1	1	1	0	1	2	2	0	1	2	2	1	1	0	30
2	Gesetze	1		0	2	3	3	1	0	0	0	0	1	2	2	1	2	0	1	1	0	0	0	0	1	0	0	20
3	Infrastruktur	2	2		2	1	2	2	1	2	2	1	1	0	2	0	0	1	1	2	0	2	2	1	3	1	2	33
4	Politische Richtwerte	1	2	1		2	2	1	0	0	1	0	2	2	1	2	2	1	1	2	0	0	0	0	0	0	0	22
5	Risiko des Technologiemissbrauchs	0	0	0	0		3	0	2	1	2	3	1	0	0	0	1	0	2	0	0	0	0	0	0	0	2	17
6	Datenschutz	0	3	1	2	3		0	1	1	2	3	0	2	0	0	0	0	1	0	0	0	0	0	1	0	2	22
7	Entwicklungspotenzial	3	3	2	2	1	1		2	2	2	3	2	0	0	2	0	1	0	2	2	2	1	2	3	1	2	38
8	Entwicklungsstand der Technologie	1	1	0	1	2	2	1		2	1	3	1	0	0	1	0	0	0	1	1	0	0	1	3	1	2	24
9	Komplexität der Technologie	0	0	2	0	2	2	2	1		1	2	1	0	0	1	0	0	0	0	1	0	1	2	2	2	2	24
10	Kommunikationsstandards	2	0	0	0	1	1	2	1	2		2	0	0	1	0	0	0	1	0	0	1	0	2	2	1	2	19
11	Know-How der Entwickler	2	0	1	0	0	0	0	0	3	0		2	0	0	2	0	0	1	0	0	0	0	2	2	2	2	17
12	neue Forschungsfelder durch KI	3	2	2	2	0	1	3	3	1	0	3		2	0	2	0	0	1	0	1	0	2	1	3	1	2	32
13	Akzeptanz	1	3	0	1	0	1	1	1	2	2	0	1		3	2	2	2	2	3	1	0	1	1	2	2	1	34
14	Arbeitssicherheit	0	2	1	1	1	0	0	0	0	0	0	0	0		0	0	1	1	0	1	0	0	1	0	2	0	11
15	Lösung von bisher ungelösten Problemen	0	0	1	0	0	0	1	1	0	0	2	2	0	0		0	1	0	0	0	0	0	1	1	1	2	13
16	moralische Entscheidungsfähigkeit?	0	0	0	1	0	1	0	0	0	0	0	0	2	1	0		0	0	1	1	0	0	0	1	0	1	9
17	Nutzen	1	1	2	1	0	0	1	1	0	2	2	3	0	1	2	0		0	0	0	2	2	2	0	1	0	23
18	Veränderungen im Alltag	1	1	2	2	1	1	1	0	0	0	0	2	0	2	2	0	0		2	1	1	0	0	0	2	0	20
19	Wegfall / Schaffung von Arbeitsplätzen	2	2	2	1	0	0	1	0	0	0	0	2	0	2	1	0	0	1		0	2	2	1	1	2	1	21
20	Erwartungen	1	0	0	1	0	0	1	0	0	0	0	1	0	0	1	0	0	0	1		0	2	0	0	1	0	8
21	Angebot / Nachfrage	2	2	2	2	0	0	2	1	1	1	0	1	0	0	0	0	0	0	1	0		2	1	2	3	2	23
22	Gewinn- / Renditeerwartungen	2	1	1	1	0	0	3	2	1	0	1	2	0	0	0	0	0	1	2	0	3		3	3	2	2	28
23	Effizienz	2	1	2	1	0	0	2	1	2	2	2	1	0	0	0	0	0	0	1	0	0	2		1	1	0	19
24	Investitionsbedarf	3	1	2	1	0	0	2	2	1	0	0	1	0	0	0	0	0	1	2	1	2	2	1		1	1	21
25	Steigerung der Produktqualität / Minimierung der Fehlerrate	2	1	2	0	0	0	1	1	1	1	3	1	0	0	2	0	0	1	1	2	0	1	2	2		2	24
26	Wettbewerber	1	1	1	1	1	1	2	2	0	1	0	2	0	0	1	0	1	0	1	1	3	2	1	2	1		25
27	Passivsumme	33	32	28	28	20	22	32	24	22	20	30	32	11	16	23	7	9	18	25	13	19	24	27	36	29	30	

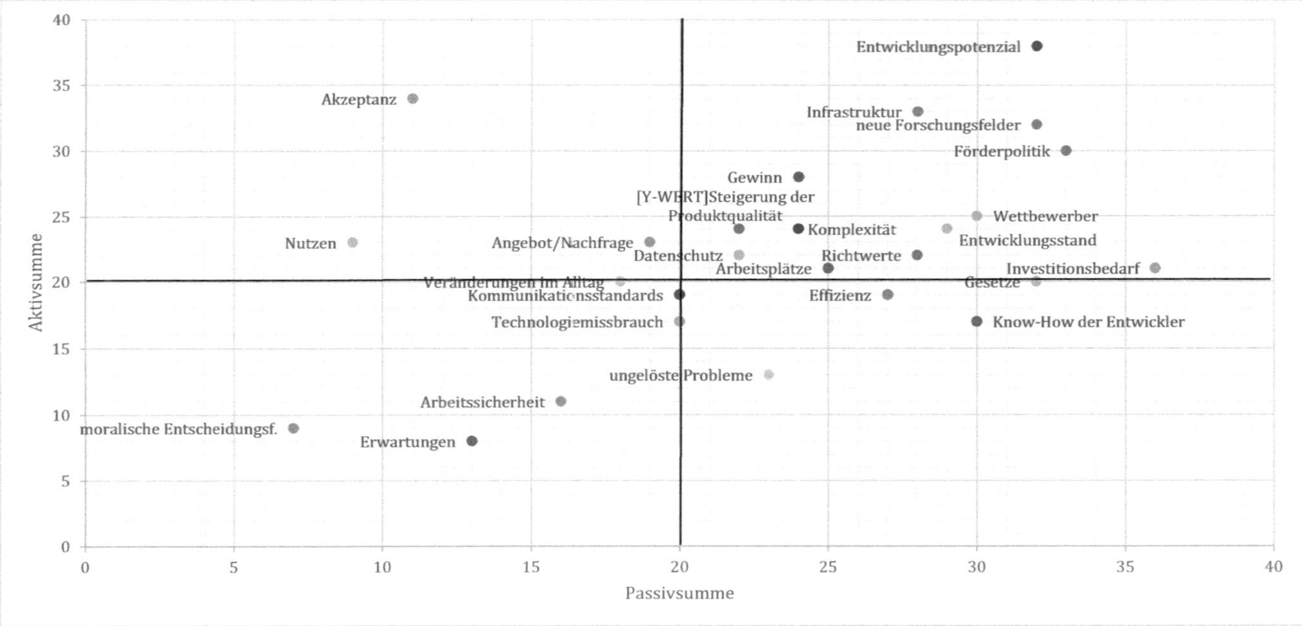

Schlüsselfaktoren:
Entwicklungspotenzial, Steigerung Produktqualität, Datenschutz, Akzeptanz, Infrastruktur, Know-How der Entwickler, Gesetze, neue Forschungsfelder, politische Richtwerte, Förderpolitik, Investitionsbedarf, Wettbewerber

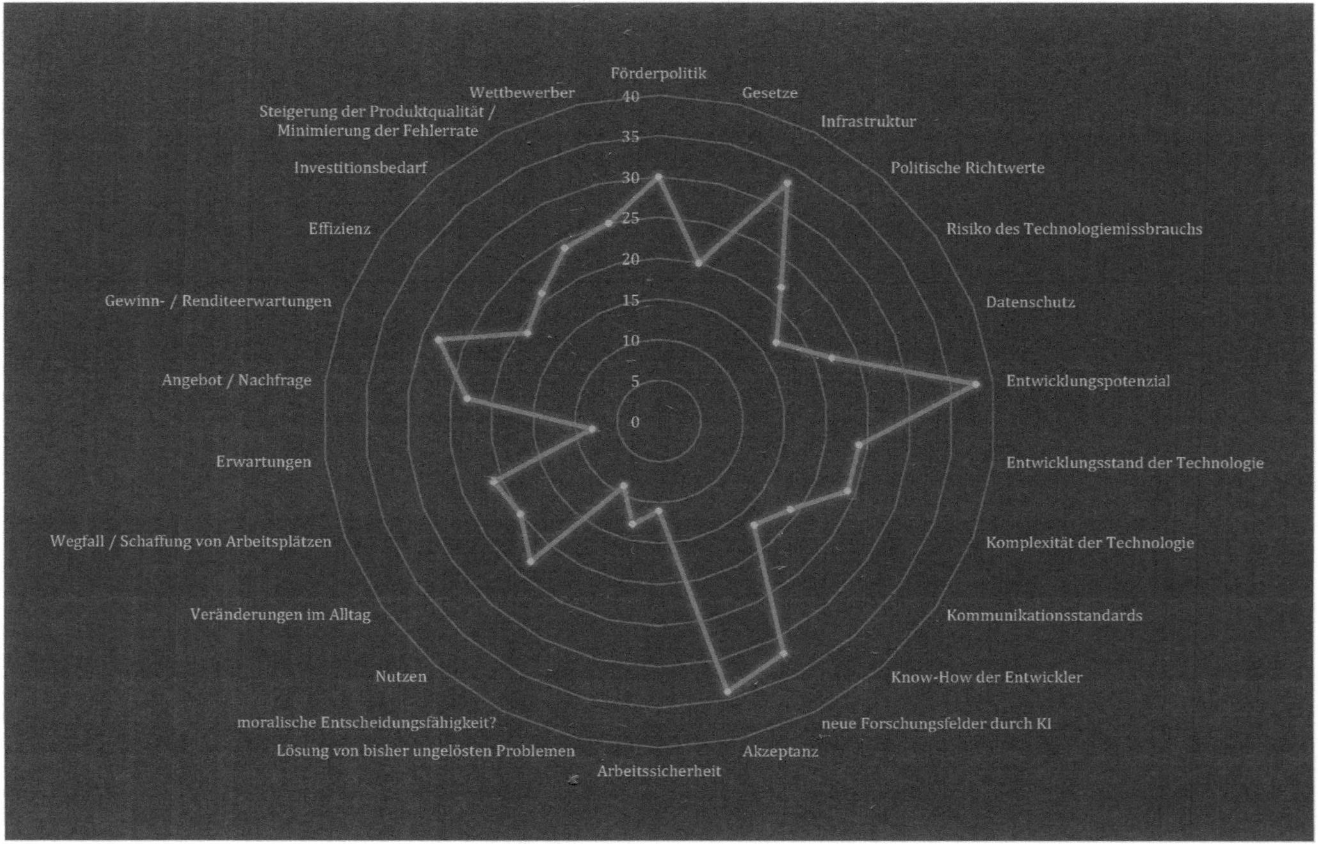
Förderpolitik
Gesetze
Infrastruktur
Politische Richtwerte
Risiko des Technologiemissbrauchs
Datenschutz
Entwicklungspotenzial
Entwicklungsstand der Technologie
Komplexität der Technologie
Kommunikationsstandards
Know-How der Entwickler
neue Forschungsfelder durch KI
Akzeptanz
Arbeitssicherheit
Lösung von bisher ungelösten Problemen
moralische Entscheidungsfähigkeit?
Nutzen
Veränderungen im Alltag
Wegfall / Schaffung von Arbeitsplätzen
Erwartungen
Angebot / Nachfrage
Gewinn- / Renditeerwartungen
Effizienz
Investitionsbedarf
Steigerung der Produktqualität /
Minimierung der Fehlerrate
Wettbewerber
40
35
30
25
20
15
10
5
0

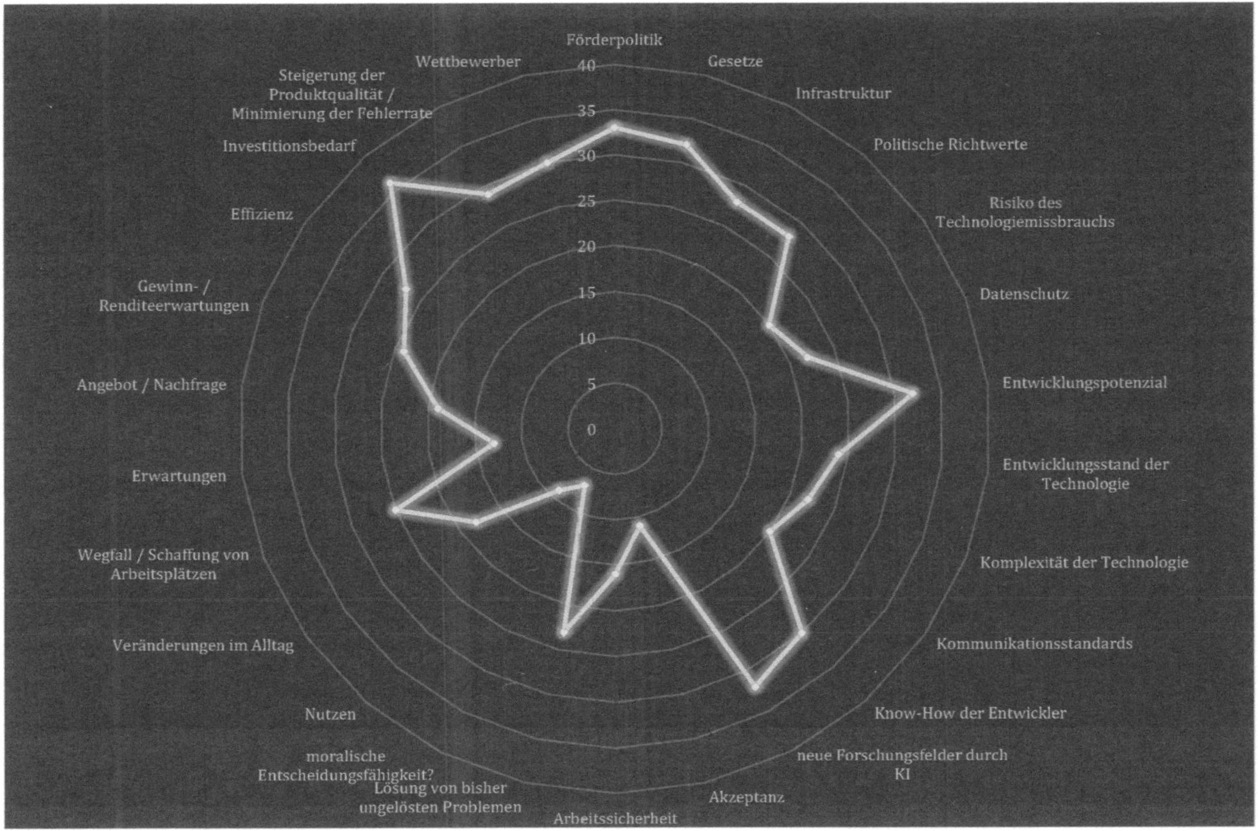
Förderpolitik
Gesetze
Infrastruktur
Politische Richtwerte
Risiko des Technologiemissbrauchs
Datenschutz
Entwicklungspotenzial
Entwicklungsstand der Technologie
Komplexität der Technologie
Kommunikationsstandards
Know-How der Entwickler
neue Forschungsfelder durch KI
Akzeptanz
Arbeitssicherheit
Lösung von bisher ungelösten Problemen
moralische Entscheidungsfähigkeit?
Nutzen
Veränderungen im Alltag
Wegfall / Schaffung von Arbeitsplätzen
Erwartungen
Angebot / Nachfrage
Gewinn- / Renditeerwartungen
Effizienz
Investitionsbedarf
Steigerung der Produktqualität / Minimierung der Fehlerrate
Wettbewerber
40
35
30
25
20
15
10
5
0

5. Projektionen

Schlüsselfaktor	Best case	Realität	Worst case
Entwicklungs-potenzial	• neue Entdeckungen führen zu großen technologischen Sprüngen • starkes, Exponentielles Wachstum • Grundlagentechnik (z.B. benötigte Computerleistung) entwickelt sich gleich schnell mit der KI mit → kein Flaschenhals • Potenzial der Technik wird frühzeitig erkannt und vollständig genutzt • vollständige Unterstützung der Forscher durch ausreichende Forschungsgelder • durch ein bisher unbekanntes Start-Up Unternehmen gelangt die deutsche Forschung in den Vordergrund • Investoren aus der ganzen Welt sehen hohes Potenzial und fördern die Forschung über hohe	• aktueller Entwicklungsstand für schwache KI schon ziemlich weit (Schrittmachertechnologie) • exponentielles Wachstum ab einem bestimmten Zeitpunkt abzusehen[11] • Weiterentwicklung der KI benötigt Zeit, da die zugrundeliegende Technologie (Computerleistung) noch nicht verbreitet für derartige Berechnungen ausreicht[12] • Investoren unterstützen Forschungsprojekte[13] • die Anwendungen im Bereich künstliche Intelligenz erreichen bis 2028 eine hohe Anzahl an Anwendungsfeldern mit einer prognostizierten Umsatzsteigerung von mehr als 200% und kann durch rational eingesetzte Gesetze das Entwicklungspotenzial in der	• Entwicklungsstopp durch Gesetze/technologische Hindernisse • Rückgang der Technologieneuentwicklung ab einem bestimmten Zeitpunkt • keine Forschungsgelder bereitgestellt • Potenzial in „falschen“ Märkten/Bereichen (nachhaltiger Nutzen wichtig) • durch gesetzliche Einschränkungen und Richtlinien kann das Know-How der Entwickler nicht ausgenutzt werden • durch nicht ausnutzen des Know-hows wird das Technologiepotenzial in Dt. nicht erkannt

11 (Tractica, statista.com)

12 (forum.golem.de)

13 http://www.maclife.de/news/apple-investiert-so-viel-nie-zuvor-entwicklung-neuer-innovativer-produkte-gigantische-summe-10062075.html

	Finanzmittel • die deutsche Gesetzgebung grenzt die Forschung in keiner Weise ein, sodass in allen Bereichen Innovationen präsentiert werden können	deutschen Forschung voll ausschöpfen[14] • Investitionsgelder aus europäischen Fonds und auch aus privaten Investitionen unterstützen und fördern das Forschen an dem Forschungsfeld	→keine europäischen Fördergelder, um Technologiefeld weiter anzutreiben • durch fehlende Investitionen kommt es zum Stagnieren der Technologieentwicklung
Steigerung Produktqualität/ Minimierung Fehlerrate	• Möglichkeiten der KI können komplett und zielgerichtet ausgenutzt werden • KI ersetzt/hilft Menschen in rudimentären/alltäglichen Situationen • bessere Ergebnisse durch vermeiden/vorbeugen menschlicher Fehler in allen Fällen	• Möglichkeiten der KI werden teilweise genutzt[15] • KI integriert sich in den Alltag, ist jedoch aufgrund der Abhängigkeit zu den Programmierern immer noch Fehleranfällig • Geschwindigkeit höher und Fehlerrate trotzdem geringer als beim Menschen[16]	• Möglichkeiten werden nicht genutzt • höhere Fehlerrate durch fehlerhafte Programmierung • KI ist zusätzlicher Aufwand für Menschen ohne Nutzen
Datenschutz	• Einhaltung der *vorher* geschaffenen Gesetze, Ermöglichung von weiterer Forschung • Akzeptanz der Gesellschaft durch guten Datenschutz mit transparenten Richtlinien und Normen • Aufklärungsprogramme über Möglichkeiten des Datenschutzes bereits seitens der Anbieter	• Gesetze zum Datenschutz werden zeitnah verabschiedet • Guter Datenschutz, allerdings sind Richtlinien und Normen für normale Bürger undurchsichtig [17] • Mögliche Aufklärungsprogramme seitens des Staates • rechtliche Grauzonen	• Gesetze und Richtlinien benötigen länger als der technologische Fortschritt (Verfügbarkeit der Technik, jedoch nicht für den Endnutzer nutzbar) • Eventuelle Lücken im Datenschutz lassen Anwender skeptisch werden • keine Aufklärung zu

[14] https://de.statista.com/statistik/daten/studie/620513/umfrage/umsatz-mit-anwendungen-im-bereich-kuenstliche-intelligenz-in-europa/

[15] (Wanka)

[16] (Devlin)

[17] (Schröder)

	• durch KI selbst kann Datensicherheit erhöht werden (keine monetären Anreize für die KI)		Möglichkeiten der Theorie • Angst vor Technologiemissbrauch • praktische Umsetzungen gehen schief
Soziale Akzeptanz	• volle Akzeptanz seitens Politik, Bürgern und Anbietern • positive Grundeinstellung zur Entwicklung der Technik, positive Berichterstattung der Medien • volle Integration der Technik in den Alltag • Vereinfachung / Automatisierung von alltäglichen Abläufen	• Akzeptanz mit Skepsis seitens bestimmter Bürgergruppen[18] • neutrale Haltung/ die Menschen ignorieren es, weil sie denken es ist noch nicht marktreif • langsame Integration in den Alltag in bestimmten Anwendungsfeldern (Kommunikation etc.)	• eventuelle Proteste gegen künstliche Intelligenz • Ablehnung seitens der Endanwender • nur Nischenmöglichkeiten zur Anwendung der Technik → Umstieg lohnt sich nicht • Verbreitung der Bekanntheit der Technik nicht gut genug → ignoriert von Bevölkerung
Infrastruktur	• Ort / Umgebung mit benötigter Fläche ist vorhanden • Einrichtungen/ Vernetzungen die mehr als genügend Kapazitäten / Platz für die Forschung und Entwicklung bieten • Forschungsstandort ist gut erreichbar über Straßen, Schienen- und Wasserwege, Flughäfen, Helikopterlandeplätze • In der näheren Umgebung gibt es eine Vielzahl von	• passender Ort und eine geeignete Einrichtung sind gegeben, in den Ballungszentren ist die Infrastruktur in Mitteleuropa überwiegend gut ausgeprägt → da hier sich schon Unternehmen in anderen Bereichen niedergelassen haben • die jeweiligen Projekte werden von Forschungsinstituten unterstützt, jedoch befindet sich nur eine geringe Zahl in der näheren Umgebung • das Personal besitzt genug	• der Verfügbare Ort bietet nicht den Platz der für die gesamte Ausstattung benötigt wird. Außerdem ist die Verkehrsanbindung auch relativ schlecht. • es gäbe Orte die mehr Platz bieten würden, aber diese sind entweder aufgrund von Bestimmungen und gesetzlichen Erlässen nur schwer zu erhalten oder so weit im Nirgendwo, dass

18 (Presseportal)

	Forschungsinstituten die die Projekte unterstützen können • Alle beteiligten Personen befinden sich in der Umgebung und können somit jederzeit hinzugezogen werden bei möglichen Problemen • Das Beste Personal das derzeit in diesem Bereich existiert, steht zur Verfügung. Zwischen dem Personal gibt es keine Konflikte, alle sind auf der selben Wellenlänge • Autarke Strom-und Internetversorgung •	Erfahrung und hat sich mit dem Thema KI schon häufig auseinandergesetzt, aber jeder hat eine andere Herangehensweise, wodurch Konflikte aufkommen können • das benötigte Personal steht nicht jederzeit und Rund um die Uhr zur Verfügung	kein Mitarbeiter dort leben möchte. • Personal vorhanden, aber besitzt noch nicht viel Erfahrung. Außerdem fehlen Leitfiguren die die Führung übernehmen, wodurch häufig Konflikte aufkommen und eine schlechte Stimmung herrscht. • in der Nähe gibt es keine Forschungsinstitute, welche die Projekte unterstützen könnten. Es muss erst eine große Menge an Geld aufgebracht werden, damit sich Institute dazu einlassen bei den Projekten zu helfen.
Know How Entwickler	• sind mit dem neusten Stand der Technologie vertraut und jeder einzelne besitzt ein breites Spektrum an Wissen • alle haben schon in den USA oder China (Ballungsräume für KI) für größere Firmen gearbeitet und bringen viel Erfahrung mit • innovative Ideen und Projekte bringen die Forschung schnell	• die Entwickler besitzen zusammen ein breites Spektrum an Wissen • es wird in vielen verschieden Bereichen geforscht • IT-Teams finden innovative Lösungen für aktuelle Probleme[19] • das Know How zusammen reicht aus, in den nächsten Jahren einen weiteren großen Schritt setzen zu können • große Firmen teilen	• es stehen nur wenige Leute mit genügen Know How zur Verfügung, der Großteil geht lieber in die USA oder nach China, da man sich dort mehr Anerkennung und Erfolge erhofft • die Leute, die zur Verfügung stehen, besitzen nur wenig Erfahrung und bringen nur wenige Innovative oder neue

[19] (Lück)

	voran und bieten ein breites Betrachtungsspektrum • brauchen keine Einweisung in die Materie oder in die Arbeitsprozesse, sie schaffen es selbst sich einzubringen • sie haben schon eine genaue Vorstellung wie es weiter geht und schaffen es in kurzer Zeit die nächste technologische Etappe zu erreichen • das Know How wird durch Passion ergänzt → Entwickler tüfteln auch privat: nachbauten von Robotern, an der Orientierung von Science Fiction (Star Wars) führen zu neuartigen Entwicklungen für die Industrie • die Entwickler können selbst die kompliziertesten Dinge für Laien (mögliche Investoren) verständlich erklären	ihre [20]Fortschritte und das Know-How für Entwickler auf der ganzen Welt • gemeinsame Wissensbasis sorgt für solide Forschungsgrundlage [21]	Ideen mit, es fehlt ihnen an Kreativität. • die Entwickler sind nicht in der Lage ihre Gedankengänge an außenstehende Personen verständlich zu übermitteln • alles wird komplizierter gehandhabt als notwendig, wodurch keine brauchbaren Ergebnisse erzielt werden • durch das Fehlen von Ergebnissen, wenden sich immer mehr Investoren von der Erforschung der KI ab
Gesetze	• EU – Parlament erarbeitet ein Gesetzbuch, welches sich ausschließlich auf die Künstliche	• es werden weitere Gesetzte entworfen die aber überwiegend die Künstliche Intelligenz einschränken werden, den	Szenario 1: • es werden gar keine Gesetzestexte entworfen

[20] https://www.microsoft.com/germany/techwiese/know-how/default.aspx
[21] https://www.microsoft.com/germany/techwiese/know-how/default.aspx

	Intelligenz und dessen Aspekte bezieht • Gesetze gelten sowohl für Menschen als auch Maschinen • es wird sichergestellt, dass die KI nicht für bösartige Zwecke genutzt wird (Krieg) • sie soll ausschließlich dazu dienen den Alltag für die Menschen angenehmer zu gestalten • KI selbst darf dem Menschen auch nicht schaden. (Physisch als Psychisch) → Entwickler werden zur Rechenschaft gezogen o Missbrauch der gesammelten Daten • KI darf nicht dazu geschaffen werden, ausschließlich einen kommerziellen Nutzen für die Unternehmen zu erbringen	Datenschutz fördern und den Menschen an sich weniger einschränken werden[22] • es wird eine Vielzahl von Grauzonen entstehen, bei denen noch keine klaren Regelungen getroffen werden[23] • außerdem wird es keine Gesetze geben die den Gebrauch der KI im Krieg völlig verbieten werden • die ersten wirklich sinnvollen Gesetze werden erst im Nachhinein erlassen werden	• man erhofft sich, dass die KI letztendlich selbst in der Lage ist passende Gesetzte zu entwerfen Szenario 2: • es werden unzählige Gesetzte erlassen, die die Nutzung der KI unmöglich machen • nur Leute die schon 25 Jahre alt sind und einen Master in Informatik haben dürfen diese selbstständig nutzen • strenge Vorschriften für die Nutzung im Alltag

22 https://www.datenschutz-praxis.de/fachartikel/e-privacy-verordnung-wie-geht-es-weiter/
23 (17ht)

Neue Forschungsfelder	• mit Hilfe der KI werden neue effizientere Wirkstoffe in der Medizin entwickelt • neue Erfindungen in Logistik, Bildung, Vernetzung, Baugewerbe (Statik, Baukonstruktionen, Berechnungen in Architektur) • die KI kann Unternehmen bei möglichen Risikoreichen Entscheidungen unterstützen, in dem alle möglichen Gefahren genau abgewogen werden (intelligente Analysesysteme) o Soll in dieses Produkt investiert werden? o Was bietet der Markt o Was wollen die Kunden? • findet in der Politik den besten Kompromiss, mit dem alle Parteien zufrieden sind o Konfliktpotenzial wird drastisch gesenkt	• Die Forschungsfelder werden in Deutschland nicht großartig erweitert • Fortschritte im Medizinischen Bereich, der Kommunikation und in der Automobilindustrie[24] • Medizin: Künstliche Intelligenz könnte durch das anhören von möglichen Symptomen eine Diagnose erstellen, was der betroffenen Person fehlen könnte • gibt Aussage darüber ob Arztbesuch ratsam ist oder nicht • Künstliche Intelligenz könnte somit theoretisch den Krankheitsfall bestätigen • Ärzte werden entastet	• Man findet keinen weiteren Nutzen der KI in anderen Bereichen. • Man schenkt außerdem der KI keinerlei Vertrauen, dass diese jemals medizinische, politische oder wirtschaftliche Entscheidungen fachgerecht leisten kann • Grund: Das selbstständige Denken der KI trifft bereits auf ihre Grenzen

[24] https://www.springerprofessional.de/car-to-x/mensch-maschine-interaktion/kuenstliche-intelligenz-im-auto-von-morgen/11948924 (SCHREIBER)

Politische Richtwerde	• gesetzliche Richtwerte setzen der Forschung keine Grenzen • ein großes Spektrum von Anwendungen kann weiterentwickelt werden • Sicherheit und Freiheit sind durch Gesetze im Einklang und finden in der Bevölkerung Anerkennung • Datensicherheit wird durch kontrollierte Richtlinien eingehalten	• gesetzliche Richtwerte schützen den Verbraucher, aber fördern die Forschung • Datensicherheit und andere Themen werden in der Politik behandelt und daran gearbeitet[25] • Es werden externe Teams zur Bearbeitung vorliegender Probleme gegründet [26] • „Lösungen“ werden zeitgerecht angebracht • Probleme bei der Umsetzung durch nicht-einheitliche Infrastruktur oder fehlender Kontrolle • Problematik Sicherheit oder Freiheit führt zu starken Problemen[27]	• starke Eingrenzung der zu bearbeitenden Forschungsfelder durch konservative Politik • innovative Forschungsfelder werden durch gesetzliche Maßnahmen eingedämmt → Fortschritt stagniert • „Wettbewerbs“-Forschung überholt dt. Forschung schnell • Deutschland gerät im Bereich KI ins Hintertreffen • weltweite terroristische Unruhen weisen weitere Probleme rund um KI auf → verschärfen die Debatte
Förderpolitik	• das Know-How von dt. Entwicklern ist Weltführend • die weltweite Förderpolitik sieht großes Potenzial in dt. Forschung → höchste Förderung • Fördergelder sorgen für weitere	• das Know-How von dt. Entwicklern liegt vorn bei den europäischen Ländern • die europäische Förderpolitik sieht großes Potenzial in dt. Forschung → gute Förderung[28]	• das Know-How von dt. Entwicklern liegt weit hinter anderen europäischen Ländern • die europäische Förderpolitik sieht kein Potenzial in dt. Forschung

25 https://www.adlershof.de/termin/event/detail/digitale-herausforderungen-perspektiven-auf-datenschutz-und-datensicherheit-aus-wissenschaft-wirts/

26 http://www.qu.tu-berlin.de/menue/aktuelles/events/archive_events/ringkolloquium_digitale_herausforderungen/

27 http://www.bpb.de/internationales/europa/europa-kontrovers/38184/freiheit-oder-sicherheit

28 https://ec.europa.eu/germany/eu-funding/grants_de

	Verbesserung der Forschung → durch höchste Förderung höchster Fortschritt	• europäische Gelder für Forschung gehen in gemeinsame Forschungsprojekte[29] → durch Förderung schneller Fortschritt	→ wenig Förderung • europäische Gelder für Forschung gehen an Nachbarstaaten → ohne Förderung kein Fortschritt
Investitionsbedarf	• ein hohes Investitionsaufkommen sorgt für eine ausgeglichene Entwicklung • die Investoren setzen auf Nachhaltigkeit in der Forschung und Entwicklung • der Output ist an den Markt angepasst • Investitionen im Bereich KI stellen eine hohe Renditemöglichkeit dar • Finanzmittel fördern die Entwicklung in einem gesunden Maße	• Investitionen in Start-Ups steigen auch im europäischen Bereich • das Investitionsvolumen steigt auf über 50 Mrd. USD in den nächsten 10 Jahren[30] • durch Investitionen der Big-Player steigt der Output neuer Technologie • das Investitionswesen wird bedeutend von dem Technologiefeld KI bestimmt	• Investoren sehen keinen Grund in dt. Forschungen Geld zu stecken • die Forschung kann aufgrund von fehlenden Geldern nicht weiter voranschreiten und kann sich somit auch nicht attraktiver für Investoren darstellen • gesetzliche Richtlinien erlauben keine Finanzierung in ausgewählte Bereiche
Wettbewerber	• die einzelnen Unternehmer arbeiten für sich im eigenen Nutzen an der Forschung und versuchen möglichst hohe eigene Rentabilität aus den Projekten zu gewinnen • Forschungsbeiträge werden nicht zusammengeführt und hindern somit den Fortschritt der allgemeinen Forschung der Künstlichen Intelligent	• Investitionen in Start-Ups steigen auch im europäischen Bereich • die Big Player wetteifern um junge innovative Start-Ups und dessen Ideen und Forschungen[31] • somit entsteht ein Wettlauf zwischen den größten Firmen um die schnellst mögliche Marktreife von intelligenten Systemen • die Forschung wird intern immer	• die Forschung wird in zentralen Instituten zusammengeführt • die Firmen verzichten auf die Marktführerschaft zugunsten der Wissenschaft. Somit können künstliche Intelligente in vielen verschiedenen Bereichen gleichermaßen vorangetrieben werden • die Einzelinteressen werden

29 https://ec.europa.eu/germany/eu-funding/grants_de

30 https://de.statista.com/infografik/8496/investitionen-und-unternehmenszukaeufe-im-bereich-kuenstliche-intelligenz/

31 (Schwan)

	• dadurch wird das Potenzial dieses Bereiches nicht optimal ausgenutzt	weiter vorangetrieben und eine Orientierung zwischen den Wettbewerbern erfolgt, wie im Beispiel der Zusammenarbeit zwischen Apple und Google in Bezug auf intelligente Sprachassistentssysteme[32] • durch den Willen der einzelnen Firmen die Marktführerschaft zu erreichen geht die Forschung mit großen Schritten voran	zugunsten der Mehrheit vernachlässigt

32 http://www.chip.de/news/Amazon-Google-und-Apple-wetten-darauf-Aber-Samsung-verabschiedet-sich-vom-Zukunftstrend_119127044.html

6. Auswertung und Einbeziehung der Delphi Methode

Um ein möglichst breites Meinungs- und Wissensspektrum zu erhalten stammen die befragten Personen aus den Fachbereichen Elektrotechnik, Philosophie, Volkswirtschaft und Politikwissenschaften.

Es lässt sich jedoch eine klare Tendenz erkennen, die unsere Annahmen untermauern.

Künstliche Intelligenz ist schon jetzt ein Bestandteil vieler Forschungs- und Anwendungsfelder. Beispielsweise im sozialen Bereich lässt sich vermehrt die Anwendung von „Smarten-Systemen" feststellen.

Die Befragten Experten in ihrem Bereich zeigen des Weiteren alle auf, dass eine exponentielle Entwicklung in den nächsten 10 Jahren abzusehen ist. Dies ist aber von verschiedenen Kriterien abhängig. Zum einen wird das soziale Umfeld und diesbezüglich auch die Religion als grundlegender Index für eine Akzeptanz genannt. Zum anderen wird auf die wirtschaftliche Wettbewerbsfähigkeit von Unternehmen und die Industrie 4.0 verwiesen. Diese Entwicklungstendenzen versprechen einen starken Einfluss von Künstlicher Intelligenz auf all umfassende Aspekte. Bezüglich des letzteren Punkts sind sich die Experten einig, dass die KI die größte Bedeutung in Ökonomie und Technologie finden wird. Keiner der befragten Personen ist der Meinung das solche Systeme große Bedeutung in der Medizin bzw. in dem medizinischem Sektor finden wird. Aus diesem Grund werden wir unsere Ausarbeitung nicht weiter auf diesen Aspekt spezifizieren.

Das private Leben wird durch KI in Industrieländern laut Prognosen stark für den Menschen vereinfacht. In diesem Sinne werden nicht nur „kleine" Tätigkeiten des alltäglichen Lebens durch solche intelligenten Systeme ausgeführt, wie z.B. das regulieren der Heizung und des Lichtes, sondern auch optimierende und umfangreiche Aufgaben. Dazu kann als Beispiel die Schlafüberwachung und der Einkauf genannt werden.

Abschließend lässt sich zu der Delphi-Befragung feststellen, dass, wie schon angenommen, die Künstliche Intelligenz eine starke Entwicklung nehmen wird. Es lässt sich scheinbar nicht prognostizieren, welche Rolle diese Systeme in 20-30 Jahren spielen wird, da bereits in den nächsten 10 Jahren eine sehr starke Veränderung in vielen Bereichen passieren wird. Dahingehend lassen sich unzählbar viele Umwelteinflüsse einbeziehen, was eine genaue Vorhersage der Entwicklung scheinbar unmöglich macht. Jedoch ist eine klare Tendenz aus den Experten Befragungen zu erkennen.

7. Verknüpfung der Projektionen

Förderpolitik → Investitionsbedarf

- technologische Zukunft gehört KI, hoher Investitionsbedarf durch Komplexität
- Politik erkennt Relevanz und Potenzial in der Technologie und stellt Fördermittel gezielt zur Verfügung
- Förderpolitik zu Gunsten der KI führt zu einem höheren Investitionsbedarf
- Mit einem höheren Bedarf an finanziellen Mitteln, können die Entwickler besser planen und zielgerichtet die Projekte durchführen

Politische Richtwerte → Förderpolitik

- Politische Richtwerte bestimmen Förderpolitik
- Einschränkungen durch z.B. Umpriorisierungen machen sich ebenfalls in der Förderpolitik bemerkbar

Entwicklungspotenzial → Gewinn- und Renditeerwartungen

- Je höher das Potenzial, desto höher ist der Gewinn
- Investoren investieren wahrscheinlicher wenn sie Potenziale in der Technologie sehen

Steigerung Produktqualität / Minimierung Fehlerrate → Angebot & Nachfrage

- Je höher die Produktqualität desto besser das Angebot
- Mit steigender Qualität und wachsendem Funktionsumfang auch höhere Nachfrage → sowohl Angebot als auch Nachfrage steigen
- Weniger Reklamationen durch geringe Fehlerrate führen zu stetiger Nachfrage ohne große Schwankungen

Gesetze → Datenschutz

- Rechtliche Grundlagen des Datenschutzes in Gesetzen geregelt
- Grauzonen durch fehlende Richtlinien ermöglichen konsequenzlosen Missbrauch / eventuelle Gesetzeslücken müssen geschlossen werden
- Regulierungen der Gesetze grenzen Möglichkeiten der Technologie ein
    - Schützen aber den Verbraucher

Know How → Neue Forschungsfelder

- Je mehr Erfahrung und Wissen, desto eher lässt sich Kow How auf neue Forschungsfelder übertragen
- Kreativität der Entwickler kann neue Einsatzmöglichkeiten hervorbringen
- Fachwissen aus mehreren und verschiedenen Bereichen kann Synergien und Schnittstellen entstehen lassen
    - wodurch neue Möglichkeiten entstehen

Know How → Entwicklungspotenzial

- Entwickler sind Grundstein für die Schaffung der KI (Programmierung)
- Know How und Forschungsgeschwindigkeit sind eng verbunden → je mehr Erfahrung und Fachwissen, desto schneller entwickelt sich die Technik weiter

Gesetze → Akzeptanz

- Gesetzliche Regelungen müssen sowohl transparent als auch im Umfang die Anwender zufriedenstellen
- Akzeptanz der Anwender / Bürger stark abhängig vom Vertrauen in die Gesetze
- Negative / sehr einschränkende Gesetze können auch hinderlich für Akzeptanz sein

Neue Forschungsfelder → Nutzen

- Ermöglichung von neuen Technologien
- Verbesserung der Vernetzung der Anwendungsbereiche
- Potenziale in den Anwendungsbereichen können besser genutzt werden
- Bsp. Medizin, Automobilindustrie...

Investitionsbedarf → Entwicklungspotenzial

- Je höher das Budget, desto mehr kann auch geforscht werden
- Entwickler sind motivierter durch monetäre Anreize
- Durch ausreichende finanzielle Mittel können eventuell aufwendigere Methoden/ Projekte durchgeführt werden und wahrscheinlich bessere Ergebnisse erzielt werden

Investitionsbedarf → Infrastruktur

- Grundsätzliche Infrastruktur muss im Vorfeld der Forschung geschaffen werden → hoher Bedarf an Geld
- Infrastruktur: Mitarbeiter, Gebäude, Versorgung, digitale Vernetzung, ...
- Für höherwertige Infrastruktur besteht ein höherer Investitionsbedarf

Angebot / Nachfrage → Gewinn

- Um Gewinne zu erzielen müssen Produkte und Dienstleistungen verkauft werden
- Je höher die Nachfrage desto höher der Gewinn
- Angebot / Nachfrage sollten im Gleichgewicht sein

8. Konsistenzanalyse

Konsistenzanalyse

Bewertungsskala:
1 = totale Inkonsistenz
2 = partielle Inkonsistenz
3 = neutral
4 = gegenseitiges Begünstigen
5 = sehr starke gegenseitige Unterstützung

		Entwicklungspotenzial +	Entwicklungspotenzial /	Steigerung Produktqualität /	Steigerung Produktqualität -	Datenschutz /	Datenschutz -	Infrastruktur +	Infrastruktur /	Akzeptanz /	Akzeptanz -	Know-How der Entwickler +	Know-How der Entwickler /	Gesetze /	Gesetze -	neue Forschungsfelder +	neue Forschungsfelder /	politische Richtwerte /	politische Richtwerte -	Förderpolitik +	Förderpolitik /	Investitionsbedarf +	Investitionsbedarf /	Wettbewerber /	Wettbewerber -	Aktivsumme
Entwicklungspotenzial	positiv																									0
	neutral																									0
Steigerung Produktqualität	neutral	3	2																							2
	negativ	2	2																							2
Datenschutz	neutral	3	2	3	3																					8
	negativ	2	2	2	2																					6
Infrastruktur	positiv	4	4	3	2	3	2																			14
	neutral	3	4	3	2	3	2																			14
Akzeptanz	neutral	2	2	2	3	3	2	3	3																	18
	negativ	1	1	1	3	1	3	2	2																	13
Know How der Entwickler	positiv	5	5	4	2	3	2	4	4	3	3															30
	neutral	4	4	4	2	4	2	4	4	3	3															30
Gesetze	neutral	3	3	1	1	4	2	3	3	4	2	3	3													29
	negativ	1	1	1	2	2	3	3	3	2	4	3	3													27
neue Forschungsfelder	positiv	4	3	3	1	3	2	4	3	4	2	4	4	4	2											39
	neutral	2	2	3	2	3	2	3	3	3	2	4	4	3	2											36
politische Richtwerte	neutral	3	3	2	1	4	2	4	4	4	2	3	3	4	1	3	3									43
	negativ	1	1	1	2	2	3	2	2	2	4	3	3	1	4	2	2									34
Förderpolitik	positiv	4	4	4	2	4	2	3	3	4	2	4	4	4	2	4	4	4	1							55
	neutral	3	3	3	2	4	2	3	3	4	2	4	4	4	2	4	4	4	1							53
Investitionsbedarf	positiv	4	4	5	1	3	2	4	4	4	1	5	5	3	3	4	3	3	3	5	4					66
	neutral	3	3	4	2	3	2	4	4	4	1	4	4	3	3	3	4	3	3	4	4					62
Wettbewerber	neutral	2	3	3	2	3	3	3	3	3	3	4	4	3	3	4	3	3	3	4	4	3	3			67
	negativ	1	1	2	2	3	3	3	3	3	3	2	2	3	3	2	2	3	3	2	2	3	3			53
	Passivsumme	60	59	54	39	55	41	52	51	47	34	43	43	32	25	26	25	20	14	15	14	6	6			
	Aktivsumme +Passivsumme =	60	59	56	41	63	47	66	65	65	47	73	73	61	52	65	61	63	48	69	67	72	68	67	53	

9. Zukunftsszenarien

Im Folgenden werden aus den Erkenntnissen der Einflussanalyse, den Zukunftsprojektionen und der Konsistenzanalyse mehrere mögliche Zukunftsszenarien entworfen. Die entsprechenden Szenarien sind für den Fall einer positiven, neutralen und negativen Zukunftsentwicklung ausgelegt und zeigen die veränderten Bedingungen, wenn bestimmte Voraussetzungen gegeben sind.

9.1 Pessimistisches Zukunftsszenario „KI – Der Feind der Bevölkerung?“

Das negative Zukunftsszenario beschreibt besonders in Hinblick auf den Datenschutz eine objektiv schlechte Entwicklung der künstlichen Intelligenz und der zugehörigen Rahmenbedingungen. Durch die starke Dominanz der KI im Vergleich zum Menschen wird das menschliche Wissen immer weiter in den Hintergrund gerückt. Die Anwendungen der KI sind bereits überall im Alltag implementiert und übernehmen selbst rudimentäre Aufgaben. Die Menschen werden somit immer stärker abhängig von den gegebenen Technologien und verlernen die grundlegenden menschlichen Interaktionen. Generell verändert sich das menschliche Verhalten und die gesellschaftlichen Normen sind nun ausschließlich von der Technologie bestimmt. Auch die berufliche Vielfalt geht größtenteils verloren und somit werden einige Arbeitsbereiche komplett durch die KI ersetzt und viele Arbeitsstellen gehen verloren. Der Bedarf an Fachkräften für Programmierung und Verwaltung der IT-Systeme steigt exponentiell an, die Ausbildungsplätze bleiben jedoch unbesetzt. Dementsprechend entsteht ein Fachkräftemangel und die Arbeitnehmer in den traditionellen Berufen müssen Umschulungen für neue Arbeitsplätze belegen. Viele Arbeitnehmer weigern sich jedoch und sind infolge dessen arbeitslos. Zu nennen ist aber die Verbesserung von Produktqualitäten durch genauere Arbeitsvorgänge durch KI, die den Lebensstandard anheben werden. Gleichzeitig sinken die Kosten durch Rationalisierung und Effizienzsteigerung der Unternehmen.

Die starke Dominanz der Technologie ist durch ein rasantes Wachstum in den letzten Jahren der Entwicklung zu begründen. Die schnellen Fortschritte in dem technologischen Stand haben viele datenschutzrechtliche Missstände zur Folge. Die Gesetze und Richtlinien für eine klare Abgrenzung sind längst überholt bzw. die Veröffentlichung von neuen Gesetzen dauert wesentlich länger als der technologische Fortschritt, der in derselben Zeitspanne bereits Raum für neue gesetzliche Regelungen schafft. Die Politik und die Entscheidungsträger haben sich im Allgemeinen zu spät mit der zukunftsweisenden Technologie beschäftigt und stehen nun vor der Aufgabe, die Probleme der missbräuchlich genutzten Technologie wieder zu bereinigen. Für die Bevölkerung hat es den Anschein, als ob die Politik die Kontrolle über die Entwicklungen und Beschlüsse rund um die Verwendung von KI verloren hat und somit die Sicherheit ihrer Daten nicht mehr gewährleistet werden kann.

Es besteht eine ernstzunehmende Gefahr bezüglich des Technologiemissbrauchs, da bestimmte rechtliche Grauzonen nicht abgedeckt sind. Zum einen könnten Daten der Bevölkerung missbräuchlich benutzt und somit ein hoher wirtschaftlicher Schaden angerichtet werden. Zum anderen gibt es die Möglichkeit durch die neuartigen Systeme eine noch weitreichendere und allumfassendere Überwachung aller Menschen und Lebenslagen bereitzustellen und diese Daten an möglicherweise „unvertrauliche Hände" geraten können.

Auf dieser Basis ist das Thema „Cyber-Terrorismus" sehr aktuell in den Medien vertreten, was zusätzliche Verunsicherung seitens der Bevölkerung aufkommen und die Akzeptanz gegenüber der Technologie sinken lässt. Die Sicherheit der Daten steht in Gefahr und die Freiheit der Bevölkerung ist trotz Ihrer Grundrechte eingeschränkt.

Doch nicht nur die Gefahr des Datenmissbrauchs stellt eine Bedrohung für die Bevölkerung dar. Auch die Möglichkeit des Technologiemissbrauchs für militärische Zwecke ist eine ernstzunehmende Bedrohung. Der systematische Angriff auf IT-, Strom-, Versorgungs- oder Kommunikationsnetze ist durch die Digitalisierung von sämtlichen Prozessen und die Einführung der KI eine Form der modernen Kriegsführung geworden. Durch Hackerangriffe können somit ganze Volkswirtschaften für gewisse Zeit lahm gelegt werden und erhebliche Schäden anrichten. Die Gefahr der Übernahme von einer KI ist gegeben, welche sich der menschlichen Kontrolle wiedersetzen kann.

9.2 Realistisches Szenario „Wandel der Infrastruktur – Zum Besseren?“

Das realistische Zukunftsszenario beschreibt die mögliche Entwicklung der KI, welche nach aktuellen Datengrundlagen und Auffassungen in den nächsten 10 Jahren realisiert werden kann. Maßgeblich für dieses Szenario sind die Entwicklungen im Rahmen der Infrastruktur. Um das Wachstumspotenzial ausnutzen zu können, ist es notwendig die Infrastruktur an die kommenden Bedürfnisse anzupassen. Es werden entsprechend große Forschungsinstitute in möglichst geografischer Nähe zueinander benötigt, um die Forschung auf einen Ballungsraum zu konzentrieren und eine effiziente Zusammenarbeit zu ermöglichen. Die Realisierung dieser Forschungsinstitute kann jedoch nicht vollumfänglich ermöglicht werden, da die finanziellen Ressourcen aus öffentlicher Hand begrenzt sind. Die Vernetzung untereinander und die Standardisierung der Kommunikationsformen haben weiterhin Verbesserungsbedarf und führen zu häufigen Überschneidungen bzw. Opportunitätskosten durch fehlende Vereinheitlichung. Das Ziel der Forschungsergebnisse ist jedoch für alle öffentlich zugänglich zu sein, damit mögliche Sicherheitsrisiken sofort ersichtlich werden und entsprechende Gegenmaßnahmen eingeleitet werden können. Entsprechende Programm wie „open AI“ sind bereits 2017 in Anwendung und sind zukunftsweisend für die Entwicklung. [33]

Das Potenzial der Technologie ist jedoch trotzdem sehr groß und entsprechend sind exponentielle Wachstumsraten zu erwarten. Laut Prognosen steigen beispielsweise die Umsätze mit Unternehmensanwendungen im Bereich KI weltweit im Zeitraum 2016-2025 von ca. 360 Mio. $ auf ca. 31.200 Mio. $ (+ ca. 8700 %) oder der Umsatz von Unternehmen weltweit mit Spracherkennung im Zeitraum 2015-2025 von ca. 600 Mio. $ auf ca. 7.100 Mio. $ (+ ca. 1200 %). [34] Der Fokus der Unternehmen geht somit von dem klaren Trend zum B2C nun auch in Richtung B2B Kunden. In beiden Bereichen sind exponentielle Wachstumsraten möglich, welche von den Unternehmen ausgenutzt werden. Die Verbreitung der KI kann zudem in neue Forschungsfelder erfolgen, als auch andere wirtschaftliche und soziale Bereiche abdecken. Die Folge aus diesen Veränderungen und der starken Implementierung im Alltag ist eine grundlegende Änderung des Alltags für die Bevölkerung und Unternehmen.

Das Knowhow der Entwickler ist in diesem Szenario ebenfalls entscheidend für die Realisierung der Forschung. Die Forscher besitzen ein breites Spektrum an Wissen, müssen sich jedoch aufgrund der Neuartigkeit der Technologie zunächst Spezialwissen aneignen. Die Einarbeitungsphase von neuen Mitarbeitern dauert entsprechend lange, da noch nicht

---

[33] vgl. http://www.faz.net/aktuell/wirtschaft/menschen-wirtschaft/zukunft-der-menschheit-das-grosse-rennen-um-die-kuenstliche-intelligenz-14381464-p2.html

[34] vgl. https://de.statista.com/statistik/daten/studie/620513/umfrage/umsatz-mit-anwendungen-im-bereich-kuenstliche-intelligenz-in-europa/

genügend Kompetenzen vorhanden sind um eine einheitliche Prozessdokumentation zu gewährleisten. Durch Zusammenarbeit und Kooperationen kommen die Forscher in Ihren Forschungsgebieten zu neuen Ergebnissen.

Diese Forschung wird ebenfalls von der Politik als wichtig anerkannt. Sie erkennen die Relevanz des Themas, allerdings dauern die Verhandlungen über die entsprechenden Gesetze und Richtlinien über einen beachtlichen Zeitraum an. Sie veranlassen strenge Datenschutzgesetze, welche augenscheinlich keine Lücken haben, bei näherer Betrachtung können jedoch rechtliche Grauzonen möglicherweise ausgenutzt werden. Das Ziel der Politik ist die Schaffung einer Massentauglichkeit der Technologie um eine eventuelle Nutzung für öffentliche Einrichtungen oder die Infrastruktur zu ermöglichen.

Um eine Massentauglichkeit zu ermöglichen, ist zunächst die Akzeptanz der Bevölkerung notwendig. Die Bevölkerung ist zunächst skeptisch, wird jedoch mit wachsenden Anwendungsfeldern und zunehmender Integration in den Alltag auch vertrauter mit der Technik. Zunächst gibt es eine eher starke Verwendung im Unternehmensumfeld zur Automatisierung von Prozessen o.Ä., eine private Nutzung erfolgt meist nur in weniger komplexen Zusammenhängen wie z.B. den Sprachassistenten.

Der Investitionsbedarf hierfür ist jedoch sehr hoch. Sowohl staatliche als auch unternehmerische und private Investitionen müssen ebenfalls exponentiell steigen, um den kommenden Forschungsaufwand bewältigen zu können. Die staatlichen Entwicklungshilfen sind nur in begrenztem Maße für die Technologie nutzbar, sondern eher für Modernisierungsmaßnahmen genutzt und mit hoher Wahrscheinlichkeit werden keine „Extrabudgets für die Entwicklung der KI" eingeführt. Somit müssen die Unternehmen und Privatinvestoren entsprechende Investitionssummen zumeist selbst tragen. Viele dieser Investoren zielen sowohl auf Forschung für zukünftige Technologien als auch vielversprechende Start-Ups ab.

Die notwendige Technologie für die Anwendung der KI ist noch nicht vollständig für private Anwendungen vorhanden. Die benötige Rechenleistung kann zwar im Unternehmensumfeld bereitgestellt werden, für die private Nutzung benötigt es jedoch sehr teure Komponenten bzw. Computer.

9.3 Optimistisches Zukunftsszenario „Schlaue Köpfe für die Zukunft"

Das optimistische Zukunftsszenario beschreibt eine rasante Entwicklung der Technologie in eine positive Richtung und die Vereinfachung des täglichen Lebens durch den technologischen Fortschritt in der KI. Die KI ist perfekt im Alltag eingebunden und kann in Symbiose mit dem Menschen verwendet werden. Durch das exponentielle Wachstum der Technologie in allen Bereichen kommt es zu starken positiven Veränderungen im Alltag. Auch in der Zukunft kann das Potenzial der Künstlichen Intelligenz weiterhin ausgeschöpft werden und der vor kurzer Zeit noch unmöglich gedachte Übergang zur starken KI erscheint wahrscheinlich.

Für die positiven Entwicklungen auf diesem Gebiet sind besonders die zuständigen Entwickler und deren Knowhow verantwortlich. Diese sind mit dem aktuellen Stand der Technik vertraut und jeder Entwickler konnte bereits zahlreiche Erfahrungen auf dem Gebiet der KI oder angrenzenden Technologiefeldern sammeln. Die Forscher arbeiten selbständig an der Forschung und bringen konstant neue Ergebnisse, welche für den technologischen Fortschritt benötigt werden. Weiterhin ist bereits eine detaillierte Zukunftsplanung erfolgt und zahlreiche Etappenziele bzw. Meilensteine wurden festgelegt. Die Forschung auf diesem Gebiet ist schon deutlich weiter als die Anwendungsmöglichkeiten zulassen. So sind bereits erste Prototypen für hochentwickelte künstliche Intelligenzen verfügbar, welche jedoch zunächst noch intensiv getestet werden müssen. Außerdem stehen die Entwickler und die Ingenieure bzw. Programmierer in engem Kontakt, so dass eine benutzerfreundliche Implementierung für die Anwendungen ermöglicht wird.

Die Forscher werden zusätzlich für gute Leistungen durch Boni angeregt, die Forschung auf dem Gebiet zu beschleunigen und die Ergebnisse zu verbessern. Der Investitionsbedarf ist generell sehr hoch, dieser wird jedoch relativiert durch die schnellen Resultate auf dem Gebiet und den effektiven Einsatz der Gelder. Die Einführung von KI in einem Unternehmen lohnt sich meistens bereits nach kurzer Zeit aufgrund der kurzen Amortisationsdauern der Investitionen. Sowohl die Unternehmen, als auch die Wirtschaft profitieren von dem möglichen Wachstum durch die KI und stellen dementsprechende Gelder zur Verfügung. Ein großer Teil dieser Budgets wird mithilfe von staatlichen oder privaten Fördermitteln bereitgestellt. Die Politik erkennt die Wichtigkeit der Technologie und stellt alle notwendigen Rahmenbedingungen zeitnah dar und bereitet sich auf große Fördermittelzahlungen vor. Durch das große Wirtschaftswachstum, welches durch die KI ermöglicht wird, können zusätzliche Haushaltsmittel für die Forschung und Entwicklung in diesem Bereich angeboten

werden. Diese Fördermittel werden in einem zentralen Fördergeldbestand angelegt, welcher von Unternehmen und Forschungsinstituten für die Forschung, Anwendung und Umsetzung der KI genutzt werden kann.
Mithilfe dieser öffentlichen Mittel können die Wettbewerber auch gemeinsam an der Technologie forschen. Idealerweise teilen sie ihre Ergebnisse und stimmen sich gegenseitig diesbezüglich ab. Zudem einigen sich die Wettbewerber auf allgemeingültige Kommunikationsstandards für KIs um die Kompatibilität aller Systeme zu gewährleisten. Die Forschung erfolgt mit einer Marktausrichtung aller Entwickler um den Wünschen der Anwender gerecht zu werden.
Durch die Zusammenarbeit auf diesem Gebiet und die Schnittstellenfunktion der künstlichen Intelligenz als Schlüsseltechnologie werden zudem immer mehr neue Forschungsfelder ermöglicht. Die Anwendungsfelder sind deutlich größer als zunächst gedacht und es werden in naher Zukunft bereits bahnbrechende Entdeckungen in der Medizin, die Lösung von bisher ungelösten Problemen und die Automatisierung von vielen Prozessen realisierbar sein.
Durch die Automatisierung der Prozesse können viele Abläufe im Unternehmen optimiert und dementsprechende Einsparungspotenziale ausgenutzt werden. Dadurch steht wiederum mehr Budget für die Forschung und Entwicklung zur Verfügung und es führt mittelbar zur Verbesserung der Produkte.
Für Forschung werden entsprechende Forschungsabteilungen bzw. –Institute bereitgestellt. Diese sind regional in Ballungsgebieten angesiedelt, um einen möglichen persönlichen Kontakt schnell zu gewährleisten. Für die entsprechende Infrastruktur zur Implementierung der Technologie in den Alltag wurden alle Vorkehrungen getroffen und eine problemfreie Umsetzung ist möglich.
Außerdem sind alle politischen Richtlinien und Gesetze bereits im Vorfeld zu Gunsten der KI ausgerichtet worden, welche zudem einen möglichen Technologiemissbrauch durch starke Datenschutzvorkehrungen vorbeugen. Die Datenverarbeitung der stark wachsenden Datenmengen übernehmen leistungsstarke Supercomputer, dessen Rechenleistung speziell für die Anwendung der KI stets erhöht wird und somit niemals Leistungseinbußen in der Anwendung zu vermerken sind. Die Bevölkerung nimmt die Technologie inzwischen nicht mehr als unausgereifte Zukunftstechnologie, sondern als Teil des alltäglichen Lebens war.

10. Handlungsoptionen

Politik	Wirtschaft	Technik
• Zeitnahe Schaffung der notwendigen politischen Grundlagen und weiterführenden Rahmenbedingungen • Förderung von zukunftsweisenden Technologien durch Förderprogramme bzw. Einführung von staatlichen Verfügungsmittelfonds für die Entwicklung der Technologien • vorbeugende Sicherheitsmaßnahmen für mögliche Technologiemissbräuche	• genaue Untersuchung von Angebot / Nachfrage (neue Unternehmen: Welche Technologien gibt es schon? Was benötigt der Markt? Was ist wie umsetzbar und zu welchem Zeitpunkt?) • Kooperationen zwischen öffentlichen Einrichtungen und Unternehmen	• Schulung und Ausbildung von spezialisiertem Personal für die Entwicklung und Implementierung von künstlicher Intelligenz im Alltag/Unternehmensgeschehen • Ausnutzung des sehr großen Entwicklungspotenzials der verschiedenen Techniken, welche durch KI ermöglicht werden • Voraussetzung: Automatisierung von Prozessen um Anwendungen der KI ausnutzen zu können • offene Bereitstellung der Forschungsergebnisse für bessere Zusammenarbeit

Sozial	Umwelt	Recht
• Wechsel der gesellschaftlichen Wahrnehmung der Technologie (von nice-to-have zu must-have) • Notwendige Aufklärungsarbeit des Staates um Akzeptanz der Bevölkerung zu erhöhen	• Vorbereitung der Infrastruktur auf den kommenden Wandel in der Technologie (Ausbau von Verkehrsverbindungen, Bau von Schaltzentralen, Schulungszentren für Arbeiter…) • Schaffung von neuen Berufsfeldern und Vorbereitung von Ausbildungs-& Umschulungsmöglichkeiten	• Zielgerichtete Entwicklung von Gesetzen und Richtlinien für die Ermöglichung der Technologien • starker Fokus auf Datenschutz um Technologiemissbrauch zu verhindern

I Literaturverzeichnis

(23. 08 2017). Abgerufen am 28. 12 2017 von https://www.crusoemedia.com/blog/zukunft-der-google-suche

Blazy, S. (15. 12 2017). Abgerufen am 28. 12 2017 von https://www.datenschutz-praxis.de/fachartikel/e-privacy-verordnung-wie-geht-es-weiter/

Brandt, M. (14. 03 2017). *statista.com*. Von https://de.statista.com/infografik/8496/investitionen-und-unternehmenszukaeufe-im-bereich-kuenstliche-intelligenz/ abgerufen

Devlin, C. (20. 12 2013). *Wissenschafts Woche* . Abgerufen am 28. 12 2017 von http://www.wiwo.de/unternehmen/it/intelligente-systeme-telekom-entdeckt-das-geschaeft-mit-kranken/9249514.html

forum.golem.de. (14. 11 2014). Abgerufen am 27. 12 2017 von https://forum.golem.de/kommentare/wissenschaft/top500-chinas-supercomputer-bleibt-vorerst-unschlagbar/rechenleistung-im-vergleich-zu-unseren-pcs/87967,3960470,3961798,read.html

Görz, R. S. (2003). Handbuch der Künstlichen Intelligenz . *4*. München: Oldenbourg .

Grabmair, M. (30. 01 2015). *maclife.de*. Abgerufen am 27. 12 2017 von http://www.maclife.de/news/apple-investiert-so-viel-nie-zuvor-entwicklung-neuer-innovativer-produkte-gigantische-summe-10062075.html

Knop, C. (11. 08 2016). *faz.net*. Von vgl. http://www.faz.net/aktuell/wirtschaft/menschen-wirtschaft/zukunft-der-menschheit-das-grosse-rennen-um-die-kuenstliche-intelligenz-14381464-p2.html abgerufen

Lück, B. (21. 11 2016). *IP Insider*. Abgerufen am 28. 12 2017 von https://www.ip-insider.de/intelligente-systeme-herausforderung-fuer-it-teams-a-558797/

Meinzer, K. (2016). Künstliche Intelligenz - Wann übernehmen die Maschinen? München: Springer-Verlag.

Presseportal. (02. 01 2018). Abgerufen am 03. 01 2018 von https://www.presseportal.de/pm/72183/3828545

SCHREIBER, M. (23. 12 2017). *Chip*. Abgerufen am 28. 12 2017 von http://www.chip.de/artikel/Unterschiede-zwischen-Amazon-Echo-Echo-Dot-Echo-Plus-und-Echo-Show-Das-sollten-Sie-wissen_126446853.html

Schröder, C. (2016). *Datenschutzfachmann*. Abgerufen am 28. 12 2017 von https://datenschutzfachmann.eu/datenschutzgesetze/

Schwan, B. (10. 11 2017). *Heise*. Abgerufen am 28. 12 2017 von https://www.heise.de/mac-and-i/meldung/Apple-kauft-Bildsensor-Start-up-3887661.html

Sesink, W. (2012). Menschliche und künstliche Intelligenz . Stuttgart: Print-Fassung .

Thomas Christaller, J. W. (12 2003). Autonome Maschinen . *1*. München : Westdeutscher Verlag.

Tractica. (2017). *stastia.com*. Von vgl. https://de.statista.com/statistik/daten/studie/620513/umfrage/umsatz-mit-anwendungen-im-bereich-kuenstliche-intelligenz-in-europa/ abgerufen

Tractica. (2017). *statista.com* . Abgerufen am 04. 1 2018 von https://de.statista.com/statistik/daten/studie/620513/umfrage/umsatz-mit-anwendungen-im-bereich-kuenstliche-intelligenz-in-europa/

Wanka, P. D. (2017). *Bundesminesterium für Bildung und Forschung* . Abgerufen am 27. 12 2017 von https://www.bmbf.de/pub/Industrie_4.0.pdf

II. Anhang

Delphi Befragungen - Fragebogen

Name: ______________________________

Nachname: ______________________________

Alter: ______________________________

1. Künstliche Intelligenz wird Teil des privaten alltäglichen Lebens.
2. Firmen werden eine starke abhängig durch intelligente Systeme.
3. Die Sicherheit des Menschen wird ohne Beeinträchtigung der Freiheit erhöht.

Fragen:

1. Wird Künstliche Intelligenz in den nächsten 10 Jahre ein Teil des alltäglichen Lebens? Ja/Nein
Welche Einflüsse werden dies beeinflussen und inwiefern werden sie Teil des Alltags ?

2. Werden deutsche Unternehmen eine Abhängigkeit zu intelligenten Systemen zulassen und/oder diesen vertrauen? Ja/Nein
Welche Kriterien werden eine Rolle spielen?

3. Denken Sie, dass das Haushaltsleben und die Haushaltsarbeit durch intelligente Systeme komplett übernommen wird? Ja/Nein
Welche Arbeiten werden Ihrer Meinung nach nicht von Systemen übernommen?

4. Können intelligente Systeme, wie z.B. Frühwarnsysteme für eine Entlastung des schwachen Sozialsektors darstellen? -oder können diese durch Fehlfunktionen kontraproduktiv wirken?

5. In welchem Bereich wird Ihrer Meinung nach schwache KI die größte Bedeutung haben und warum?

Ökonomisch ☐
Sozial ☐
Medizinisch ☐
Ökologisch ☐
Technologisch ☐

Andere:

____

____

____

Delphi Befragungen – Teilnehmer 1

Name: C.
Alter: 26

1. Künstliche Intelligenz wird Teil des privaten alltäglichen Lebens.
2. Firmen werden eine starke abhängig durch intelligente Systeme.
3. Die Sicherheit des Menschen wird ohne Beeinträchtigung der Freiheit erhöht.

Fragen:

1. Wird Künstliche Intelligenz in den nächsten 10 Jahre ein Teil des alltäglichen Lebens? Ja/Nein
Welche Einflüsse werden dies beeinflussen und inwiefern werden sie Teil des Alltags?
Künstliche Intelligenz wird Teil des alltäglichen Lebens werden. Einflüsse werden vor allem die Technologie 4.0 und die Gesundheitsindusrie sein. Teil des Alltags werden sie in Form von Smart Watches und smart home.

2. Werden deutsche Unternehmen eine Abhängigkeit zu intelligenten Systemen zulassen und/oder diesen vertrauen? Ja/Nein
Welche Kriterien werden eine Rolle spielen?
Unternehmen werden keine andere Wahl haben als KI zuzulassen wenn sie zukunftsorientiert sein wollen. In Zukunft wird es kein Unternehmen ohne geben.

3. Denken Sie, dass das Haushaltsleben und die Haushaltsarbeit durch intelligente Systeme komplett übernommen wird? Ja/Nein
Welche Arbeiten werden Ihrer Meinung nach nicht von Systemen übernommen?
In Zukunft werden KI's den privaten Haushalt dominieren. Egal ob Heizung, Wärme Rückkopplung oder automatische Einkäufe auf Grundlage von Kaufgewohnheiten.

4. Können intelligente Systeme, wie z.B. Frühwarnsysteme für eine Entlastung des schwachen Sozialsektors darstellen? -oder können diese durch Fehlfunktionen kontraproduktiv wirken?

____

____

____

____

5. In welchem Bereich wird Ihrer Meinung nach schwache KI die größte Bedeutung haben und warum?

Ökonomisch [X]

Sozial [X]
Medizinisch
Ökologisch
Technologisch [X]

Andere: ______________________________

Delphi Befragungen – Teilnehmer 2

Name: M

Alter: 28

1. Künstliche Intelligenz wird Teil des privaten alltäglichen Lebens.
2. Firmen werden eine starke abhängig durch intelligente Systeme.
3. Die Sicherheit des Menschen wird ohne Beeinträchtigung der Freiheit erhöht.

Fragen:

1. Wird Künstliche Intelligenz in den nächsten 10 Jahre ein Teil des alltäglichen Lebens? Ja/Nein
Welche Einflüsse werden dies beeinflussen und inwiefern werden sie Teil des Alltags ?
Ja. Politische bzw. wirtschaftliche Einflüsse entscheiden wann eine komplett fertige KI entstehen wird. Da bereits jetzt verschiedene Formen von statischer KI in vielen Bereichen verwendet werden, wird der Alltag zumindest in wirtschaftlich starken Regionen von KI geprägt sein.

2. Werden deutsche Unternehmen eine Abhängigkeit zu intelligenten Systemen zulassen und/oder diesen vertrauen? Ja/Nein
Welche Kriterien werden eine Rolle spielen?
Ja.
Sicherheit und die wirtschaftliche/politische Situation.

3. Denken Sie, dass das Haushaltsleben und die Haushaltsarbeit durch intelligente Systeme komplett übernommen wird? Ja/Nein
Welche Arbeiten werden Ihrer Meinung nach nicht von Systemen übernommen?
Nein.
Kochen und andere Arbeiten, welche manchen Menschen freude bereiten, werden von KI nicht ersetzt, sondern "nur" assistierend begleitet werden. Ansonsten könnte jedoch jede Haushaltstätigkeit von KI ersetzt werden.

4. Können intelligente Systeme, wie z.B. Frühwarnsysteme für eine Entlastung des schwachen Sozialsektors darstellen? -oder können diese durch Fehlfunktionen kontraproduktiv wirken?

Intelligente Systeme können in jedem Gebiet konstruktiv sein.
Andere Faktoren wie die Programmierung/Ausrichtung von KI werden aber darüber entscheiden, ob diese zu Gunsten oder zu Lasten einiger oder aller Menschen arbeitet.

5. In welchem Bereich wird Ihrer Meinung nach schwache KI die größte Bedeutung haben und warum?

- [ ] Ökonomisch
- [ ] Sozial
- [ ] Medizinisch
- [x] Ökologisch
- [ ] Technologisch

Da im Vergleich zu den anderen Bereichen bereits einfachste/selbstständige Hilfsprozesse einer schwachen KI große Veränderungen auf die verschiedensten Ökosysteme haben und sogar die Folge (saubere Umwelt) positive Auswirkungen auf alle anderen zur Auswahl stehenden Bereiche hat.

Delphi Befragungen – Teilnehmer 3

Name: P
Alter: 27

1. Künstliche Intelligenz wird Teil des privaten alltäglichen Lebens.
2. Firmen werden eine starke abhängig durch intelligente Systeme.
3. Die Sicherheit des Menschen wird ohne Beeinträchtigung der Freiheit erhöht.

Fragen:

1. Wird Künstliche Intelligenz in den nächsten 10 Jahre ein Teil des alltäglichen Lebens? Ja/Nein
Welche Einflüsse werden dies beeinflussen und inwiefern werden sie Teil des Alltags ?
Künstliche Intelligenz ist bereits Teil des alltäglichen Lebens und wird diese Stellung weiter ausbauen.
Einflüsse werden vor allem die Informationstechnologie sein, aber auch smart home und Gesundheitswesen.

2. Werden deutsche Unternehmen eine Abhängigkeit zu intelligenten Systemen zulassen und/oder diesen vertrauen? Ja/Nein
Welche Kriterien werden eine Rolle spielen?
Ja werden sie zulassen. Gerade im Rahmen von Industrie 4.0 wird künstliche Intelligenz unverzichtbar werden.

3. Denken Sie, dass das Haushaltsleben und die Haushaltsarbeit durch intelligente Systeme komplett übernommen wird? Ja/Nein
Welche Arbeiten werden Ihrer Meinung nach nicht von Systemen übernommen?
Haushaltsleben nein. Haushaltsarbeit hängt stark von dem jeweiligen sozialen Umfeld ab. Von Religion von Milieu und Affinität.

4. Können intelligente Systeme, wie z.B. Frühwarnsysteme für eine Entlastung des schwachen Sozialsektors darstellen? -oder können diese durch Fehlfunktionen kontraproduktiv wirken?
Ich verstehe diese Frage nicht.

5. In welchem Bereich wird Ihrer Meinung nach schwache KI die größte Bedeutung haben und warum?

- ☐ Ökonomisch
- ■ Sozial
- ☐ Medizinisch
- ☐ Ökologisch
- ■ Technologisch

Andere: Ökonomisch weil hierdurch enorme Einsparungen und Skaleneffekte erreicht werden können.
Technologisch, weil sich so die KI überhaupt erst kostengünstig reproduzieren kann.

Delphi Befragungen – Teilnehmer 4

Name: C
Alter: 26

1. Künstliche Intelligenz wird Teil des privaten alltäglichen Lebens.
2. Firmen werden eine starke abhängig durch intelligente Systeme.
3. Die Sicherheit des Menschen wird ohne Beeinträchtigung der Freiheit erhöht.

Fragen:

1. Wird Künstliche Intelligenz in den nächsten 10 Jahre ein Teil des alltäglichen Lebens? Ja/Nein
Welche Einflüsse werden dies beeinflussen und inwiefern werden sie Teil des Alltags ?
In Deutschland oder Italien glaube ich das nicht. In Japan oder China bzw. den USA eher. In diesen Ländern sind die Menschen Maschinen mit „intelligenter" Algorithmensteuerung weit mehr aufgeschlossen.
Einflüsse, die eine Einbindung von künstlicher Intelligenz in das alltägliche Leben beeinflussen werden die Industrie 4.0 (Bedürfnisse der Wirtschaft), der demographische Wandel (älter werdende Gesellschaft und medizinische Versorgung/Betreuung) und der Energiesektor (einsparen und effizientere Verteilung von Energie, auch bzgl. Smart Home) sein.

2. Werden deutsche Unternehmen eine Abhängigkeit zu intelligenten Systemen zulassen und/oder diesen vertrauen? Ja/Nein
Welche Kriterien werden eine Rolle spielen?
Deutsche Unternehmen haben eine Abhängigkeit bereits mit dem Internet und Serversystemen zugelassen.(Vom KFZ-Mechaniker der die Probleme des Autos nur noch so auslesen kann, über die Arztpraxis wo die nur noch in den PC eingepflegt werden bis hin zu Vermögensverwaltung die mit Software die Kunden analysiert und Produkte empfiehlt) Nur der Gesetzgeber verhindert, dass die Daten rein elektronisch gespeichert würden. In der Industrie wird diese Abhängigkeit in Form von Fertigungsrobotern zugelassen werden. In der Dienstleistung in Form Datenverarbeitender Software.

3. Denken Sie, dass das Haushaltsleben und die Haushaltsarbeit durch intelligente Systeme komplett übernommen wird? Ja/Nein
Welche Arbeiten werden Ihrer Meinung nach nicht von Systemen übernommen?
Vgl. Antwort 1
Wenn, dann wird es jedoch sehr umfassend und möglichst holistisch sein. Von sich automatisch regulierenden Heizkörpern über Luftreinigungsmessern und elektronisches Einkaufen im Onlineshop hin zu Sprachsteuerung und Energieeinsparungen durch verschiedenste Implementierungen (Erkennen des Menschen und automatisches Licht Ein/Aus, Schlafüberwachung, Sportempfehlung usw.)

4. Können intelligente Systeme, wie z.B. Frühwarnsysteme für eine Entlastung des schwachen Sozialsektors darstellen? -oder können diese durch Fehlfunktionen kontraproduktiv wirken?
Ich denke, dass falls sich Pflege und medizinische Versorgung nur noch auf die Informationen der Chips verlassen (Wann „Energiezufuhr" sichergestellt werden muss, Wann Tabletten und

Medikamente verabreicht werden müssen oder wann Ein Arzt geholt werden muss etc.) wird es abgelehnt und kontraproduktiv sein, da es zur Entfremdung führt. Fehlfunktionen mal ganz ausgelassen. Wobei bei Fehlerfunktionen die Frage nach der Verantwortung des gestorbenen Menschen stellt. Wer ist verantwortlich? Ist es Totschlag, Fahrlässigkeit, unterlassene Hilfeleistung? Ist der Hersteller schuld oder der Besitzer aufgrund falscher Bedienung oder falscher Lebensweise? Etc.

5. In welchem Bereich wird Ihrer Meinung nach schwache KI die größte Bedeutung haben und warum?

Ökonomisch ■
Sozial ■
Medizinisch
Ökologisch ■
Technologisch ■

Begründung:
Ökonomisch-Industrie 4.0, Telekomunikation
Sozial-Smart Home und Body Optimising
Ökologisch-ethische Fragen und Umwelt (Wirtschaftssteigerung ohne zusätzliche Umweltverschmutzung? etc.)
Technologisch-Wohl größte technologische Sparte der Zukunft (noch vor Medizin)

BEI GRIN MACHT SICH IHR WISSEN BEZAHLT

- Wir veröffentlichen Ihre Hausarbeit, Bachelor- und Masterarbeit

- Ihr eigenes eBook und Buch - weltweit in allen wichtigen Shops

- Verdienen Sie an jedem Verkauf

Jetzt bei www.GRIN.com hochladen und kostenlos publizieren

GRIN